L'ARTICLE 757 DU CODE CIVIL.

APPLICATION DES MATHÉMATIQUES

À LA

JURISPRUDENCE,

PAR

CHÉFIK-BEY (MANSOUR),

DU CAIRE,

Ancien élève du pensionnat Haccius, à Genève, et de l'École Polytechnique de Zurich;
Étudiant à la Faculté de Droit de Paris.

PARIS,

GAUTHIER-VILLARS, IMPRIMEUR-LIBRAIRE

DE L'ÉCOLE POLYTECHNIQUE, DU BUREAU DES LONGITUDES,

SUCCESSEUR DE MALLET-BACHELIER,

Quai des Augustins, 55.

1880

L'ARTICLE 757 DU CODE CIVIL.

APPLICATION DES MATHÉMATIQUES

A LA

JURISPRUDENCE.

DU MÊME AUTEUR,

Chez M. El-Achchy, libraire au Caire :

Éléments de Calcul infinitésimal, en langue arabe.

(*Sous presse.*)

6098 Paris. — Imprimerie de GAUTHIER-VILLARS, quai des Augustins, 55.

L'ARTICLE 757 DU CODE CIVIL.

APPLICATION DES MATHÉMATIQUES

A LA

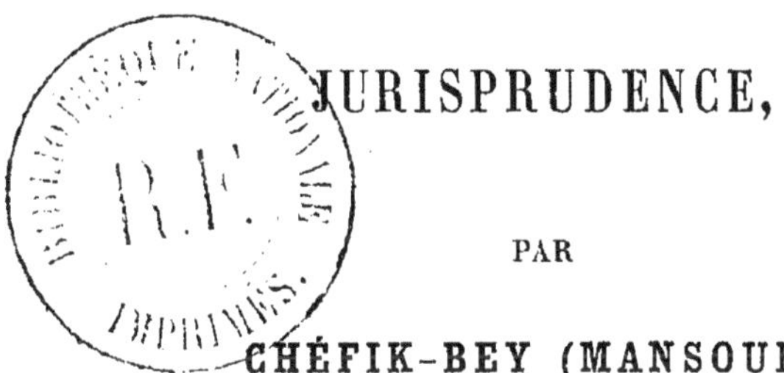

JURISPRUDENCE,

PAR

CHÉFIK-BEY (MANSOUR),

DU CAIRE,

Ancien élève du pensionnat Haccius, à Genève, et de l'École Polytechnique de Zurich;
Étudiant à la Faculté de Droit de Paris.

PARIS,

GAUTHIER-VILLARS, IMPRIMEUR-LIBRAIRE

DE L'ÉCOLE POLYTECHNIQUE, DU BUREAU DES LONGITUDES,

SUCCESSEUR DE MALLET-BACHELIER,

Quai des Augustins, 55.

1880

L'ARTICLE 757 DU CODE CIVIL.

APPLICATION DES MATHÉMATIQUES

A LA

JURISPRUDENCE.

L'article 757 du Code civil a donné lieu à plusieurs systèmes. Il est ainsi conçu :

« Le droit de l'enfant naturel sur les biens de ses père ou mère décédés, est réglé ainsi qu'il suit :

» Si le père ou la mère a laissé des descendants légitimes, ce droit est d'un tiers de la portion héréditaire que l'enfant naturel aurait eue s'il eût été légitime ; il est de la moitié lorsque les père ou mère ne laissent pas de descendants, mais bien des ascendants ou des frères ou sœurs ; il est des trois quarts lorsque les père ou mère ne laissent ni descendants ou ascendants, ni frères ni sœurs. »

Ce travail n'a pas pour but d'augmenter le nombre des systèmes existants ni de discuter leur valeur juridique : on trouve ces discussions bien développées dans tous les Livres de droit civil.

Nous voulons simplement traduire dans le langage algébrique les principaux de ces systèmes, c'est-à-dire trouver les formules générales relatives à chacun, afin de faciliter, dans la pratique, leur application.

Nous nous occuperons successivement des cas suivants : 1° concours d'un enfant naturel avec un ou plusieurs enfants légitimes ; 2° concours de plusieurs enfants naturels avec des enfants légitimes; 3° concours d'un enfant naturel avec des ascendants, ou des frères ou sœurs, ou des collatéraux ordinaires; 4° concours de plusieurs enfants naturels avec des ascendants ou des frères ou sœurs; 5° enfin, concours d'un ou de plusieurs enfants naturels avec des collatéraux ordinaires.

I. — CONCOURS D'UN ENFANT NATUREL AVEC UN OU PLUSIEURS ENFANTS LÉGITIMES.

1. Ce cas est fort simple et n'a donné lieu à aucune discussion.

a. Soit un enfant naturel N en présence d'un seul enfant légitime. On dira : si N était légitime, sa part eût été de la moitié; notre article ne lui accorde que le tiers de cette portion fictive; il aura donc le $\frac{1}{6}$ de la succession et l'enfant légitime les $\frac{5}{6}$.

b. Supposons maintenant que le même enfant N concoure avec l enfants légitimes; nous dirons : N, à le supposer légitime, eût eu la $(l+1)^{\text{ième}}$ partie de l'héritage; étant naturel, il aura le $\frac{1}{3}$ de cette quote-part fictive, c'est-à-dire

$$P_n = \frac{1}{3(l+1)}. \qquad (\alpha_1)$$

Les deux autres tiers, savoir $\frac{2}{3(l+1)}$, doivent être distribués aux enfants légitimes. Chacun de ces derniers aura donc

$$P_l = \frac{1}{l+1} + \frac{2}{3l(l+1)} = \frac{2+3l}{3l(l+1)}. \qquad (\alpha_2)$$

Remarque. — Le rapport de la part de l'enfant naturel à celle d'un enfant légitime est de

$$\frac{1}{5}, \frac{2}{8}, \frac{3}{11}, \frac{4}{14}, \frac{5}{17}, \frac{6}{20}, \ldots,$$

suivant qu'il y a 1, 2, 3, 4, 5, 6,... enfants légitimes.

II. — CONCOURS DE PLUSIEURS ENFANTS NATURELS AVEC DES ENFANTS LÉGITIMES.

C'est ce cas qui a donné naissance aux systèmes dont nous allons nous occuper.

Premier système (de la Jurisprudence).

2. Dans ce système, on divise la succession en autant de parties qu'il y a d'enfants, soit naturels, soit légitimes, et chaque enfant naturel retient le tiers de la portion que ce calcul lui donne. Les deux autres tiers qu'on enlève à chacun d'eux sont reportés sur les parts des enfants légitimes (1).

Faisons une espèce : partager une succession de 324000fr entre un enfant légitime et trois enfants naturels.

Nous supposerons légitimes tous les enfants naturels, ce qui donne à chacun le quart de la succession, savoir 81000fr. Mais, comme ils ne sont que naturels, chacun d'eux ne conserve que le tiers de cette portion, c'est-à-dire 27000fr. Les deux tiers qu'on enlève à chacun sont attribués à l'enfant légitime. Celui-ci prendra donc 243000fr.

---

(1) Dans son Cours, notre éminent professeur M. Duverger donne la préférence à ce système. Telle est aussi l'opinion de notre cher et savant professeur M. Marin, aujourd'hui Sous-Préfet à Guingamp (*Explication du Code civil*, sous presse).

3. *Formules.* — Nous représenterons une fois pour toutes la succession par 1 et respectivement par l et n le nombre des enfants légitimes et celui des enfants naturels.

En supposant légitimes tous les enfants naturels, chacun aura $\frac{1}{l+n}$; mais, comme ils ne sont que naturels, chacun d'eux ne conserve que le tiers de cette quantité, c'est-à-dire $\frac{1}{3(l+n)}$. Les deux tiers qu'on enlève à chacun, savoir $\frac{2}{3(l+n)}$, sont attribués aux enfants légitimes. Or il y a n enfants naturels; par conséquent, la partie qu'on leur a enlevée est égale à $\frac{2n}{3(l+n)}$. Il faut donc partager cette quantité entre les enfants légitimes. Puisque ces derniers sont en nombre l, chacun aura $\frac{2n}{3l(l+n)}$, et, comme chacun avait déjà $\frac{1}{l+n}$, il aura définitivement $\frac{3l+2n}{3l(l+n)}$. Ainsi donc, dans ce premier système, on a pour la part d'un enfant naturel

$$(A_1) \qquad P_n = \frac{1}{3(l+n)},$$

et pour celle d'un enfant légitime

$$(A_2) \qquad P_l = \frac{3l+2n}{3l(l+n)}.$$

Applications. — Dans l'exemple précédent, on ferait $l = 1$, $n = 3$, ce qui donne

$$P_n = \frac{1}{12}, \quad P_l = \frac{9}{12} = \frac{3}{4},$$

et l'on trouve pour la part d'un enfant naturel

$$\frac{324000}{12} = 27000^{\text{fr}},$$

et pour celle d'un enfant légitime

$$324000 \times \frac{3}{4} = 243000^{\text{fr}}.$$

Changeons l'espèce : le défunt a laissé cinq enfants légitimes, deux enfants naturels et une succession de 882000^{fr}.

Faisons $l = 5$, $n = 2$; on trouve

$$P_n = \frac{1}{21}, \quad P_l = \frac{19}{105}.$$

Chaque enfant naturel reçoit donc

$$\frac{882000}{21} = 42000^{\text{fr}}$$

et chaque enfant légitime

$$882000 \times \frac{19}{105} = 159600^{\text{fr}}.$$

Deuxième système (de M. Gros).

4. Ici l'on fait remarquer que, dans le cas où un enfant naturel concourt avec 1, 2, 3,... enfants légitimes, le rapport de sa part à celle d'un de ces derniers est (*Rem.*, p. 7) de $\frac{1}{5}, \frac{2}{8}, \frac{3}{11}, \ldots,$ d'où l'on conclut qu'on doit toujours conserver ces rapports toutes les fois que plusieurs enfants naturels sont en présence de 1, 2, 3,... enfants légitimes.

5. *Formules*. — Pour trouver les formules relatives à ce système, il nous faut d'abord chercher l'expression

générale du rapport de la part d'un enfant naturel à celle d'un enfant légitime lorsqu'il n'y a qu'un seul enfant naturel en concours avec plusieurs enfants légitimes. On y parvient en divisant la formule (α_1) par (α_2), et l'on obtient

$$\frac{P_n}{P_l} = \frac{l}{3l+2}.$$

On doit donc conserver ce rapport dans le cas de concours de plusieurs enfants naturels avec plusieurs enfants légitimes.

Soit x la part des enfants naturels; celle des enfants légitimes sera $1-x$, et l'on a, d'après ce qui précède,

$$\frac{\frac{x}{n}}{\frac{1-x}{l}} = \frac{l}{3l+2},$$

d'où l'on tire

$$x = \frac{n}{3l+n+2} \quad \text{et} \quad 1-x = \frac{3l+2}{3l+n+2}.$$

Chaque enfant naturel aura donc

$$(B_1) \qquad P_n = \frac{1}{3l+n+2}$$

et chaque enfant légitime

$$(B_2) \qquad P_l = \frac{3l+2}{l(3l+n+2)}.$$

Applications. — 1° Partager un héritage de 128000fr entre un enfant légitime et trois enfants naturels.

On a

$$P_n = \frac{1}{8}, \quad P_l = \frac{5}{8};$$

chaque enfant naturel aura donc

$$\frac{128000}{8} = 16000^{\text{fr}}$$

et l'enfant légitime

$$128000 \times \frac{5}{8} = 80000^{\text{fr}}.$$

2° Soit une succession de 57000^{fr} à partager entre deux enfants naturels et cinq enfants légitimes.

On a

$$P_n = \frac{1}{19}, \quad P_l = \frac{17}{95}.$$

Chaque enfant naturel recevra

$$\frac{57000}{19} = 3000^{\text{fr}}$$

et chaque enfant légitime

$$57000 \times \frac{17}{95} = 10200^{\text{fr}}.$$

Troisième système (de M. Rambau).

6. Ce savant professeur propose, dans son excellent Ouvrage sur le droit civil, le système suivant :

« La succession étant divisée », dit-il, « en autant de parties viriles qu'il y a d'enfants, soit légitimes, soit naturels, on retranchera les deux tiers de chaque part d'enfant naturel. Ces retranchements opérés, on en formera une nouvelle masse héréditaire, au lieu de les reporter aux parts d'enfants légitimes [1] ; puis on divisera

---

[1] Comme cela a lieu dans le premier système.

de nouveau cette masse entre tous les enfants légitimes et naturels. Cette seconde division opérée, on fera encore des retranchements aux parts d'enfants naturels, et l'on formera ainsi une troisième masse héréditaire, que l'on divisera comme précédemment entre tous les enfants. Et ainsi de suite. »

Un instant de réflexion suffit pour qu'il saute aux yeux que ce système revient à partager la succession de manière que la part d'un enfant naturel soit le $\frac{1}{3}$ de celle d'un enfant légitime, car le procédé de partage se compose d'une série d'opérations formées chacune de deux actes, dans le premier desquels on donne à tous les participants des sommes égales, tandis que dans le second on reprend de chaque enfant naturel les $\frac{2}{3}$ de ce qu'on vient de lui donner, ce qui fait que chaque opération rapporte à un enfant naturel le $\frac{1}{3}$ de ce qu'elle rapporte à un enfant légitime, d'où il suit que, après chaque opération, donc aussi après l'épuisement complet de l'héritage, chaque enfant naturel a reçu en tout le $\frac{1}{3}$ de ce qu'a reçu chaque enfant légitime, c'est-à-dire qu'on a

$$P_n = \frac{1}{3} P_l.$$

7. *Formules.* — Pour procéder directement, représentons par x la part d'un enfant naturel; celle d'un enfant légitime sera $3x$, et l'on a

$$3lx + nx = 1,$$

d'où l'on tire

$$(C_1) \qquad x = P_n = \frac{1}{3l + n},$$

et par suite

$$(C_2) \qquad P_l = \frac{3}{3l+n}.$$

Application. — Soit 615000fr à partager entre quatre enfants légitimes et trois enfants naturels.

On a

$$P_n = \frac{1}{15}, \quad P_l = \frac{3}{15} = \frac{1}{5}.$$

Chaque enfant naturel aura donc

$$\frac{615000}{15} = 41000^{\text{fr}}$$

et chaque enfant légitime

$$\frac{615000}{5} = 123000^{\text{fr}}.$$

Quatrième système.

8. Ici l'on commence par retrancher de la succession les parts, calculées d'après le système de la jurisprudence, de tous les enfants naturels, à la réserve d'un seul que l'on fait concourir, sur la succession réduite, avec les enfants légitimes.

C'est la portion de l'enfant naturel réservé qui est ensuite attribuée aux autres.

Ainsi, d'après le premier système, nous avons trouvé, dans le cas d'une succession de 324000fr à partager entre un enfant légitime et trois enfants naturels, que la part de chacun de ces derniers est de 270000fr. Deux enfants naturels auront donc ensemble 54000fr. En retranchant cette somme de la succession, il reste 270000fr à partager entre l'enfant légitime et l'enfant naturel qui a été réservé. L'application de notre article donnera à ce dernier 45000fr, et c'est à cette portion qu'auront droit les deux autres enfants naturels. L'enfant légitime ne recueillera donc que 189000fr.

9. *Formules.* — Nous avons trouvé, dans le premier système, que la part d'un enfant naturel est égale à $\frac{1}{3(l+n)}$. Si l'on multiplie cette quantité par $n-1$, nombre des enfants naturels excepté un, on trouve $\frac{n-1}{3(l+n)}$; retranchant ensuite celle-ci de la succession, il vient

$$1-\frac{n-1}{3(l+n)}=\frac{3l+2n+1}{3(l+n)},$$

et, en partageant enfin ce reste entre tous les enfants légitimes et l'enfant naturel réservé, il vient

$$(D_1)\qquad P_n=\frac{3l+2n+1}{3^2(l+n)(l+1)}$$

pour chaque enfant naturel. Il reste pour les enfants légitimes

$$1-\frac{n(3l+2n+1)}{3^2(l+n)(l+1)};$$

chacun d'eux aura donc

$$(D_2)\qquad P_l=\frac{3l(3l+2n+3)+2n(4-n)}{3^2l(l+n)(l+1)}.$$

Si tous les enfants, excepté un, étaient naturels, ces formules deviendraient

$$(d_1)\qquad P_n=\frac{4+2n}{2.3^2(n+1)},$$

$$(d_2)\qquad P_l=\frac{3(n+3)+n(4-n)}{3^2(n+1)}.$$

Cinquième système.

10. Dans ce système, on élimine un à un les enfants naturels, de manière à ramener la question à une séric d'autres de plus en plus simples, jusqu'à ce qu'il ne reste en présence des enfants légitimes qu'un seul enfant naturel. La part de celui-ci étant provisoirement déterminée, on remonte la chaîne des questions posées pour arriver à la solution définitive.

Soit, par exemple, la succession de 324000^{fr} toujours à partager entre trois enfants naturels et un enfant légitime.

Désignons par N_1, N_2, N_3 les enfants naturels et par L l'enfant légitime. On dira : si N_1 était légitime, il serait en présence de deux enfants naturels et L. La quote-part fictive dont le tiers lui est accordé par l'article 757 sera connue quand on aura résolu le problème suivant : partager 324000^{fr} entre deux enfants légitimes N_1, L et deux enfants naturels N_2, N_3. Mais cette question ne sera résolue que lorsqu'on aura déterminé la part de N_2. Or, si N_2 était légitime, il concourrait avec un enfant naturel N_3 et deux enfants légitimes. De là un autre problème : partager 324000^{fr} entre un enfant naturel N_3 et trois enfants légitimes. Les formules (α_1), (α_2) (p. 6) donnent 27000^{fr} à N_3 et 99000^{fr} à N_2. Mais, dans le problème subsidiaire, N_2 n'est que naturel ; sa part sera, ainsi que celle de N_3, dont les droits sont égaux, de 33000^{fr}. La portion qui revient à N_1 sera donc fixée, en supposant que la succession est diminuée de 66000^{fr}, c'est-à-dire qu'elle est de 258000^{fr}, et que N_1 n'a que L pour cohéritier. Le sixième de 258000^{fr} étant 43000^{fr}, telle sera, en définitive, la part de N_3, et l'enfant légitime L aura 195000^{fr}.

11. *Formules.* — Résumant ce qui précède, nous dirons : pour déterminer la part de chaque enfant naturel, calculer la part de N_3, par exemple, comme si tous les autres enfants étaient légitimes, la retrancher de la succession pour calculer la part de N_2, retrancher les deux parts en égalant la première à la seconde, et déterminer sur le reste la portion de N_1, qui sera la quantité demandée.

Considérant le cas général, nous supposerons légitimes tous les enfants naturels, à l'exception d'un seul. Le nombre des enfants légitimes augmentera de $n-1$, et l'enfant naturel réservé aura une portion égale à $\frac{1}{3(l+n)}$ ou, en posant $l+n=S$, à $\frac{1}{3S}$. Retranchant cette quantité de la succession, on a $1-\frac{1}{3S}$, qu'il faut partager entre $S-2$ enfants légitimes et un seul enfant naturel. Celui-ci aura

$$\frac{1}{3(S-1)}\left(1-\frac{1}{3S}\right)=\frac{1}{3(S-1)}-\frac{1}{3^2S(S-1)}.$$

Multipliant cette quantité par 2 et la retranchant de la succession, on trouve

$$1-\frac{2}{3(S-1)}+\frac{2}{3^2S(S-1)},$$

quantité qu'il faut partager entre $S-3$ enfants légitimes et un enfant naturel. On trouve pour ce dernier

$$\frac{1}{3(S-2)}\left[1-\frac{2}{S(S-1)}+\frac{2}{3^2S(S-1)}\right]$$
$$=\frac{1}{3(S-2)}-\frac{2}{3^2(S-1)(S-2)}+\frac{2}{3^3S(S-1)(S-2)},$$

quantité qu'il faut multiplier par 3 et retrancher de 1.

On a

$$1 - \frac{3}{3(S-2)} + \frac{3.2}{3^2(S-1)(S-2)} - \frac{3.2}{3^2 S(S-1)(S-2)},$$

qu'il faut encore partager entre S — 4 enfants légitimes et un enfant naturel. Celui-ci aura

$$\frac{1}{3(S-3)} - \frac{3}{3^2(S-2)(S-3)} + \frac{3.2}{3^3(S-1)(S-2)(S-3)} - \frac{3.2}{3^4 S(S-1)(S-2)(S-3)}.$$

Sans qu'il soit nécessaire d'aller plus loin, on voit que le $n^{\text{ième}}$ enfant naturel aura, en mettant $l+n$ à la place de S,

$$(\mathrm{E}_1)\quad \left\{ \begin{aligned} \mathrm{P}_n = {} & \frac{1}{3(l+1)} - \frac{n-1}{3^2(l+1)(l+2)} \\ & + \frac{(n-1)(n-2)}{3^3(l+1)(l+2)(l+3)} - \ldots \\ & \mp \frac{(n-1)(n-2)(n-3)\ldots 3.2.1}{3^n(l+1)(l+2)\ldots(l+n)}, \end{aligned} \right.$$

et c'est la part de chacun d'eux.

Retranchant le second membre de l'unité après l'avoir multipliée par n et le divisant par l, on trouve pour la part de chaque enfant légitime,

$$(\mathrm{E}_2)\quad \left\{ \begin{aligned} \mathrm{P}_l = {} & \frac{1}{l} - \frac{n}{3l(l+1)} + \frac{n(n-1)}{3^2 l(l+1)(l+2)} - \ldots \\ & \pm \frac{n(n-1)\ldots 3.2.1}{3^n l(l+1)\ldots(l+n)}. \end{aligned} \right.$$

On prendra pour le dernier terme le signe supérieur ou inférieur, suivant que n est pair ou impair.

12. Cournot, qui donne la préférence à ce système, arrive aux mêmes formules de la manière suivante (¹).

Désignons par x et y les parts respectives d'un enfant légitime et d'un enfant naturel. La succession étant toujours représentée par 1, on a

$$(1) \qquad lx + ny = 1.$$

Appelons $y_{n,l}$ la part d'un enfant naturel. Supposons légitime un des enfants naturels ; la part de chacun des autres enfants naturels serait désignée par $y_{n-1,l+1}$; tous ensemble prendraient

$$(n-1)y_{n-1,l+1},$$

et chaque enfant légitime, dont le nombre est maintenant $l+1$, aurait

$$\frac{1}{l+1}\left[1-(n-1)y_{n-1,l+1}\right].$$

Si l'on prend le tiers de cette quantité, on trouve la portion qu'on doit attribuer à chaque enfant naturel ; on a donc l'équation aux différences finies

$$y_{n,l} = \frac{1}{3(l+1)}\left[1-(n-1)y_{n-1,l+1}\right],$$

qu'on peut écrire

$$(2) \qquad 3(l+1)y_{n,l} + (n-1)y_{n-1,l+1} = 1.$$

Or on sait que, si un enfant naturel concourait avec k enfants légitimes, sa part serait

$$(3) \qquad y_{1,k} = \frac{1}{3(k+1)}.$$

(¹) *Bulletin de Férussac*, t. XVI, p. 3.

D'après ces conditions (2), (3) et l'équation (1), on arrive facilement aux formules générales (E_1), (E_2).

13. *Application.* — Reprenons l'espèce précédente : partager 324000^{fr} entre trois enfants naturels et un enfant légitime. Faisons $l=1$, $n=3$; on a

$$P_n = \frac{1}{3.2} - \frac{2}{9.2.3} + \frac{2.1}{27.2.3.4} = \frac{43}{324},$$

$$P_l = 1 - \frac{3}{3.2} + \frac{3.2}{9.2.3} - \frac{3.2.1}{27.2.3.4} = \frac{65}{108}.$$

La part de chaque enfant naturel est dès lors

$$324000 \times \frac{43}{324} = 43000^{fr}$$

et celle de l'enfant légitime

$$324000 \times \frac{65}{108} = 195000^{fr}.$$

14. Si tous les enfants, excepté un, sont naturels, on peut mettre les formules (E_1), (E_2) sous une élégante forme. En effet, faisons $l=1$; la première devient

$$P_n = \frac{1}{2.3} - \frac{n-1}{2.3.3^2} + \frac{(n-1)(n-2)}{2.3.4.3^3} - \ldots$$

que l'on peut écrire

$$P_n = \frac{3}{n(n+1)}\left[\frac{(n+1)n}{2}\frac{1}{3^2} - \frac{(n+1)n(n-1)}{3!}\frac{1}{3^3} + \cdots\right].$$

Or, il est aisé de voir que la quantité entre crochets est égale à

$$\left(1-\frac{1}{3}\right)^{n+1} - 1 + \frac{n+1}{3};$$

par conséquent,

$$(e_1) \qquad P_n = \frac{3}{n(n+1)}\left[\left(\frac{2}{3}\right)^{n+1} - 1\right] + \frac{1}{n}.$$

Pour la même hypothèse, $l = 1$, la formule (E_2) devient

$$P_l = 1 - \frac{n}{2}\frac{1}{3} + \frac{n(n-1)}{3!}\frac{1}{3^2} - \ldots$$

ou bien

$$P_l = \frac{3}{n+1}\left[\frac{n+1}{3} - \frac{(n+1)n}{2}\frac{1}{3^2} + \frac{(n+1)n(n-1)}{3!}\frac{1}{3^3} - \ldots\right].$$

Or, la quantité entre crochets est égale à

$$1 - \left(1 - \frac{1}{3}\right)^{n+1};$$

on a donc

$$(e_2) \qquad P_l = \frac{3}{n+1}\left[1 - \left(\frac{2}{3}\right)^{n+1}\right].$$

Remarque. — Multipliant (e_1) par n et l'ajoutant à (e_2), on trouve

$$nP_n + P_l = 1,$$

comme cela doit être.

15. On peut transformer les formules (E_1) et (E_2) en deux autres, au moyen desquelles on calculera plus rapidement les valeurs de P_n et P_l, surtout lorsque P et n sont un peu grands.

En effet, on sait, par la théorie des intégrales eulériennes, que

$$\frac{1}{l(l+1)\ldots(l+p)} = \frac{1}{p!}\int_0^1 (1-z)^p z^{l-1}\,dz;$$

changeant l en $l+1$, cette formule devient

$$\frac{1}{(l+1)(l+2)\dots(l+p+1)} = \frac{1}{p!}\int_0^1 (1-z)^p z^l\,dz.$$

Si l'on fait maintenant, successivement, $p=1, 2, 3, \dots, n-1$, on trouve

$$\frac{1}{(l+1)(l+2)} = \int_0^1 (1-z) z^l\,dz,$$

$$\frac{1}{(l+1)(l+2)(l+3)} = \frac{1}{2!}\int_0^1 (1-z)^2 z^l\,dz,$$

$$\frac{1}{(l+1)(l+2)(l+3)(l+4)} = \frac{1}{3!}\int_0^1 (1-z)^3 z^l\,dz,$$

....,

$$\frac{1}{(l+1)(l+2)\dots(l+n)} = \frac{1}{(n-1)!}\int_0^1 (1-z)^{n-1} z^l\,dz.$$

Multipliant ces égalités respectivement par $-\frac{n-1}{3}$, $\frac{(n-1)(n-2)}{3^2}$, ..., $\pm\frac{(n-1)!}{3^{n-1}}$, et les ajoutant membre à membre avec la suivante,

$$\frac{1}{l+1} = \int_0^1 z^l\,dz,$$

il vient

$$\begin{aligned}P_n = \frac{1}{3}\int_0^1 z^l\,dz\Bigg[1 - \frac{n-1}{1}\,\frac{1-z}{3} &+ \frac{(n-1)(n-2)}{2!}\left(\frac{1-z}{3}\right)^2 - \dots \\ &\pm \left(\frac{1-z}{3}\right)^{n-1}\Bigg].\end{aligned}$$

Or la quantité entre crochets est égale à

$$\left(1-\frac{1-z}{3}\right)^{n-1}=\frac{(2+z)^{n-1}}{3^{n-1}};$$

par conséquent,

$$P_n=\frac{1}{3^n}\int_0^1 (2+z)^{n-1}z^l dz,$$

et, en intégrant,

$$(E'_1)\quad \left\{\begin{aligned} P_n=\frac{1}{3^n}\Big[&2^{n-1}\frac{1}{l+1}+\frac{n-1}{1}2^{n-2}\frac{1}{l+2}\\ &+\frac{(n-1)(n-2)}{2!}2^{n-3}\frac{1}{l+3}+\ldots+\frac{1}{l+n}\Big].\end{aligned}\right.$$

On trouverait de la même manière

$$(E'_2)\quad \left\{\begin{aligned} P_l=\frac{1}{3^n}\Big[&2^{n}\frac{1}{l}+\frac{n}{1}2^{n-1}\frac{1}{l+1}\\ &+\frac{n(n-1)}{2!}2^{n-2}\frac{1}{l+2}+\ldots+\frac{1}{l+n}\Big].\end{aligned}\right.$$

Cette dernière formule est due à M. Catalan (¹).

Il est facile de voir qu'on obtient la quantité entre crochets, dans (E'_1), en développant $(2+1)^{n-1}$ et divisant par $l+1$, $l+2$, ..., $l+n$ les termes du développement, et, dans (E'_2), en développant $(2+1)^n$ et divisant les mêmes termes par l, $l+1$, ..., $l+n$.

Application. — Supposons $l=1$ et $n=3$; on trouve, comme précédemment,

$$P_n=\frac{1}{3^3}\left[2^2\frac{1}{2}+\frac{2}{1}2\frac{1}{3}+\frac{2}{2}\frac{1}{4}\right]=\frac{43}{324},$$

$$P_l=\frac{1}{3^3}\left[2^3+\frac{3}{1}2^2\frac{1}{2}+\frac{3.2}{2}2\frac{1}{3}+\frac{3.2.1}{1.2.3}\frac{1}{4}\right]=\frac{65}{108}.$$

(¹) *Mélanges mathématiques*, p. 232.

III. — CONCOURS D'UN ENFANT NATUREL AVEC DES ASCENDANTS OU DES COLLATÉRAUX.

16. Il est évident que le législateur, dans le 2° et le 3° de l'article 757, ne tient pas compte du nombre des parents légitimes ; faut-il en conclure qu'il n'y a pas non plus à tenir compte de celui des enfants naturels? Le célèbre jurisconsulte Valette n'est pas de cet avis. Adoptant le système de M. Gros sur le 1° de cet article, il l'a généralisé en l'appliquant au concours de plusieurs enfants naturels avec des ascendants ou des collatéraux.

Proposons-nous d'appliquer à ce cas tous les systèmes dont nous nous sommes occupé. Mais, avant, il nous faut faire une remarque sur deux d'entre eux. Le système de la jurisprudence et celui de M. Rambau sont basés sur un même principe, qui consiste à supposer légitimes, *simultanément,* tous les enfants naturels. Il en résulte que l'on n'y tient pas compte, contrairement à la doctrine de Valette, du nombre des enfants naturels, et que les deux systèmes se confondent dans l'hypothèse actuelle.

17. Lorsqu'il n'y a qu'un enfant naturel, le calcul est très simple.

Soit, en effet, un enfant concourant avec des ascendants ou des frères et sœurs. S'il était légitime, il aurait toute la succession ; étant naturel, il en aura la moitié. De même, lorsqu'il concourt avec des collatéraux ordinaires, il aura le tiers de la succession.

IV. — CONCOURS DE PLUSIEURS ENFANTS NATURELS AVEC DES ASCENDANTS OU DES COLLATÉRAUX PRIVILÉGIÉS.

Premier système (de la jurisprudence).

18. Si les n enfants étaient légitimes, ils auraient toute la succession ; étant naturels, ils en auront la moitié : chacun recevra donc $\frac{1}{2n}$. L'autre moitié de la succession ira aux ascendants ou aux frères et sœurs.

Deuxième système (de Valette).

19. On maintient ici, entre la portion collective des parents légitimes d'une part et la portion de chaque enfant naturel d'autre part, le rapport indiqué par l'article 757 pour le cas d'un seul enfant naturel.

Or, ce rapport étant l'égalité, il en résulte que tous les ascendants ou frères et sœurs n'auront à se partager qu'une seule part d'enfant naturel. S'il y a n enfants naturels, chacun aura donc $\frac{1}{n+1}$, et c'est cette portion que devront se partager les ascendants, frères ou sœurs, en quelque nombre qu'ils soient. Si $n = 3$, chacun aurait une part égale à $\frac{1}{4}$; par suite, tous les trois auront les $\frac{3}{4}$ de la succession.

Troisième système (de M. Rambau).

20. En supposant les n enfants légitimes, il reviendrait à chacun $\frac{1}{n}$; étant naturels, il faut enlever à cha-

cun la moitié de sa part, $\frac{1}{2n}$; il leur reste donc, à tous, la moitié de la succession.

Nous arrivons ainsi au même résultat que dans le système de la jurisprudence (16).

Quatrième système.

21. Soient n enfants naturels. Si l'on suppose l'un d'eux légitime, il serait en présence de $n-1$ enfants naturels, et sa part serait, en remplaçant, dans la formule (d_1) (p. 14), n par $n-1$,

$$P_l = \frac{9n - n^2 + 1}{9n}.$$

Or il est naturel; cette part doit donc être réduite de moitié; elle est donc réellement, de même pour les autres,

$$P_l = \frac{9n - n^2 + 1}{18n}.$$

Les parents légitimes auront à se partager la quantité

$$\frac{n^2 - 9n + 17}{18}.$$

22. Soient deux enfants naturels. Chacun aura $\frac{5}{12}$, et les parents légitimes $\frac{1}{6}$.

Si l'on suppose plus de deux enfants naturels, on arrive à des résultats *absurdes*. Ainsi, si $n = 3$, on trouve que les trois enfants ont ensemble $\frac{19}{18}$, c'est-à-dire plus que la succession !

Cinquième système.

23. Si l'un des n enfants était légitime, sa part serait (e_2) (p. 20)

$$P_l = \frac{3}{n}\left[1 - \left(\frac{2}{3}\right)^n\right];$$

étant naturel, il n'aura que la moitié, c'est-à-dire

$$P_l = \frac{3}{2n}\left[1 - \left(\frac{2}{3}\right)^n\right].$$

Si l'on suppose plus de deux enfants naturels, on arrive à un résultat aussi absurde que dans le système précédent.

V. — CONCOURS D'UN OU DE PLUSIEURS ENFANTS NATURELS AVEC DES COLLATÉRAUX ORDINAIRES.

24. Lorsqu'il n'y a qu'un seul enfant, il a les $\frac{3}{4}$ de la succession.

Supposons qu'il y en ait n.

Premier système.

25. On trouvera, comme précédemment, que chacun aura $\frac{3}{4n}$. Les parents légitimes auront l'autre quart.

Deuxième système.

26. Lorsqu'un seul enfant naturel est en présence des collatéraux, la loi lui attribue les $\frac{3}{4}$ de la succession. Le rapport des deux parts est 3. Il faut, d'après Valette, maintenir ce rapport dans le cas de plusieurs enfants naturels.

Si x est la part de ces derniers, on a

$$\frac{\frac{x}{n}}{1 - x} = 3,$$

d'où l'on tire

$$\frac{x}{n} = P_n = \frac{3}{1 + 3n}$$

pour chaque enfant et

$$\frac{1}{1 + 3n}$$

pour les collatéraux.

Soient quatre enfants : chacun aura $\frac{1}{13}$ et les parents légitimes $\frac{1}{13}$.

Troisième système.

27. On trouvera facilement que la part d'un enfant est $\frac{3}{4n}$.

Quatrième système.

28. On trouvera, comme précédemment, que la part d'un enfant naturel est

$$P_n = \frac{9n - n^2 + 1}{12n}.$$

S'il y a deux enfants, chacun aura $\frac{5}{8}$; les deux réunis auront $\frac{10}{8} = \frac{5}{4}$, c'est-à-dire plus que la succession.

Cinquième système.

29. La part de chaque enfant est donnée par la formule

$$P_n = \frac{9}{4n}\left[1-\left(\frac{2}{3}\right)^n\right].$$

Dans ce système comme dans le précédent, dès qu'il y a plus d'un enfant naturel, la loi est inapplicable.

Si maintenant on nous demande notre humble avis sur les systèmes que nous venons de parcourir, nous dirons, bien qu'à cause de notre jeune âge nous ne devions pas avoir d'opinions contraires à celles des grands jurisconsultes, que, si l'on prend à la lettre l'article 757, on doit lui appliquer le cinquième système, car, au point de vue mathématique, ce système est la traduction immédiate et exacte de la loi. Mais nous croyons fermement que le législateur n'a songé nullement à cette solution : le code est fait pour la pratique et non pour des algébristes. Si l'on cherche, au contraire, dans cet article l'esprit de la loi, je pense qu'il faudra préférer le troisième, étendu au cas même de concours d'un *seul* enfant naturel avec des descendants légitimes.

Mais les résultats absurdes que nous avons obtenus nous autorisent à préférer à tous ces systèmes la réforme de l'article 757; tel aussi est l'avis de M. Catalan [1].

30. En supposant successivement

$$l = 1,\ 2,\ 3,\ 4,\ 5,$$
$$n = 1,\ 2,\ 3,\ 4,\ 5,$$

nous avons formé, au moyen des formules que nous

(1) *L'article* 757, p. 13. Hayez, Bruxelles.

avons trouvées, cinq Tables, dont les premières lignes horizontales indiquent le nombre des enfants naturels et les premières lignes verticales celui des enfants légitimes.

Les fractions correspondantes qui se trouvent dans les cases représentent les parts d'un enfant naturel. Celle-ci étant connue, on trouvera celle d'un enfant légitime en multipliant par le nombre des enfants naturels la part de l'un d'eux, en retranchant ce produit de l'unité et enfin en divisant la différence par le nombre des enfants légitimes.

Premier système.

	1	2	3	4	5
1	$\frac{1}{6}$	$\frac{1}{9}$	$\frac{1}{12}$	$\frac{1}{15}$	$\frac{1}{18}$
2	$\frac{1}{9}$	$\frac{1}{12}$	$\frac{1}{15}$	$\frac{1}{18}$	$\frac{1}{21}$
3	$\frac{1}{12}$	$\frac{1}{15}$	$\frac{1}{18}$	$\frac{1}{21}$	$\frac{1}{24}$
4	$\frac{1}{15}$	$\frac{1}{18}$	$\frac{1}{21}$	$\frac{1}{24}$	$\frac{1}{27}$
5	$\frac{1}{18}$	$\frac{1}{21}$	$\frac{1}{24}$	$\frac{1}{27}$	$\frac{1}{30}$

Remarque. — Les fractions composant ce Tableau appartiennent à la suite

$$\frac{1}{6}, \frac{1}{9}, \frac{1}{12}, \ldots, \frac{1}{6+\text{mult. } 3}, \ldots.$$

Il est aisé de voir qu'une quelconque de ces fractions, $\frac{1}{d}$, se répétera dans le Tableau un nombre de fois égal à $\frac{d-3}{3}$.

Deuxième système.

	I	2	3	4	5
I	$\frac{1}{6}$	$\frac{1}{7}$	$\frac{1}{8}$	$\frac{1}{9}$	$\frac{1}{10}$
2	$\frac{1}{9}$	$\frac{1}{10}$	$\frac{1}{11}$	$\frac{1}{12}$	$\frac{1}{13}$
3	$\frac{1}{12}$	$\frac{1}{13}$	$\frac{1}{14}$	$\frac{1}{15}$	$\frac{1}{16}$
4	$\frac{1}{15}$	$\frac{1}{16}$	$\frac{1}{17}$	$\frac{1}{18}$	$\frac{1}{19}$
5	$\frac{1}{18}$	$\frac{1}{19}$	$\frac{1}{20}$	$\frac{1}{21}$	$\frac{1}{22}$

Remarque. — Ici, une fraction quelconque $\frac{1}{d}$ se répétera un nombre de fois égal à $\frac{d-3}{3}$, à $\frac{d-4}{3}$ ou à $\frac{d-5}{3}$, suivant que d est de la forme $6+\text{mult}.3$, ou $6+\text{mult}.3+1$, ou enfin $6+\text{mult}.\ 3+2$.

Troisième système ([1]).

	I	2	3	4	5
I	$\frac{1}{6}$	$\frac{1}{5}$	$\frac{1}{6}$	$\frac{1}{7}$	$\frac{1}{8}$
2	$\frac{1}{9}$	$\frac{1}{8}$	$\frac{1}{9}$	$\frac{1}{10}$	$\frac{1}{11}$
3	$\frac{1}{12}$	$\frac{1}{11}$	$\frac{1}{12}$	$\frac{1}{13}$	$\frac{1}{14}$
4	$\frac{1}{15}$	$\frac{1}{14}$	$\frac{1}{15}$	$\frac{1}{16}$	$\frac{1}{17}$
5	$\frac{1}{18}$	$\frac{1}{17}$	$\frac{1}{18}$	$\frac{1}{19}$	$\frac{1}{20}$

([1]) La première colonne verticale est calculée au moyen de la formule (α_1) du n° 1.

Quatrième système.

	1	2	3	4	5
1	$\frac{1}{6}$	$\frac{4}{27}$	$\frac{5}{36}$	$\frac{2}{15}$	$\frac{7}{54}$
2	$\frac{1}{9}$	$\frac{11}{108}$	$\frac{13}{135}$	$\frac{5}{54}$	$\frac{17}{189}$
3	$\frac{1}{12}$	$\frac{7}{90}$	$\frac{2}{27}$	$\frac{1}{14}$	$\frac{1}{72}$
4	$\frac{1}{15}$	$\frac{17}{270}$	$\frac{19}{315}$	$\frac{7}{120}$	$\frac{23}{405}$
5	$\frac{1}{18}$	$\frac{10}{189}$	$\frac{11}{216}$	$\frac{4}{81}$	$\frac{13}{270}$

Cinquième système.

	1	2	3	4	5
1	$\frac{1}{6}$	$\frac{4}{27}$	$\frac{43}{324}$	$\frac{27}{810}$	$\frac{793}{7290}$
2	$\frac{1}{9}$	$\frac{11}{108}$	$\frac{38}{405}$	$\frac{211}{2430}$	$\frac{2059}{25515}$
3	$\frac{1}{12}$	$\frac{7}{90}$	$\frac{59}{810}$	$\frac{53}{4330}$	$\frac{4397}{68090}$
4	$\frac{1}{15}$	$\frac{17}{270}$	$\frac{57}{945}$	$\frac{1238}{22680}$	$\frac{4124}{76560}$
5	$\frac{1}{18}$	$\frac{10}{189}$	$\frac{229}{1512}$	$\frac{985}{20412}$	$\frac{7073}{153090}$

FIN.

1098 Paris. — Imprimerie de GAUTHIER-VILLARS, quai des Augustins, 55.

DU MÊME AUTEUR,

Chez M. El-Achchy, libraire au Caire :

Éléments de Calcul infinitésimal, en langue arabe.

(*Sous presse.*)

6093 Paris. — Imprimerie de GAUTHIER-VILLARS, quai des Augustins, 55.

www.ingramcontent.com/pod-product-compliance
Ingram Content Group UK Ltd.
Pitfield, Milton Keynes, MK11 3LW, UK
UKHW022156190726
13855UKWH00004B/1503